◎ 国家图书馆少年儿童馆 编

民国儿童画报选编

春雨秋霜四季天

自然常识

天津出版传媒集团

天津教育出版社
TIANJIN EDUCATION PRESS

图书在版编目（CIP）数据

自然常识：春雨秋霜四季天 / 国家图书馆少年儿童
馆编. -- 天津：天津教育出版社，2013.1(2015 年 12 月重印)
（民国儿童画报选编）
ISBN 978-7-5309-7079-9

Ⅰ.①自… Ⅱ.①国… Ⅲ.①自然科学—儿童读物
Ⅳ.①N49

中国版本图书馆 CIP 数据核字（2012）第 316581 号

民国儿童画报选编：自然常识
春雨秋霜四季天

出 版 人	刘志刚	
编 者	国家图书馆少年儿童馆	
责任编辑	常 浩	
装帧设计	郭亚非	
出版发行	天津出版传媒集团	
	天津教育出版社	
	天津市和平区西康路 35 号 邮政编码 300051	
	http://www.tjeph.com.cn	
经 销	全国新华书店	
印 刷	天津泰宇印务有限公司	
版 次	2013 年 1 月第 1 版	
印 次	2015 年 12 月第 3 次印刷	
规 格	16 开(787×1092 毫米)	
字 数	50 千字	
印 张	6	
书 号	ISBN 978-7-5309-7079-9	
定 价	24.00 元	

站在铜像前

梅子涵

我生活在儿童文学里。阅读着，写作着，研究着，讲述着，心里装满漂亮和温暖。我也是一个知道历史的人，明白这样的生活、漂亮、温暖在人类的世界是怎么渐渐有的，人类的儿童们从哪个年月开始读到了专为他们写作的书，专给他们翻看的刊物，里面的童话占满他们的心情，每一页图里都有向他们招手的神情、笑容；我知道安徒生、卡罗尔、莱曼们的伟大故事，也知道孙毓修、叶圣陶、沈雁冰们的不朽创立。世界的儿童阅读，中国的儿童阅读，都是被他们的写作和出版养育了的，他们养育了人类的许多精神和诗意，也养育了人类后来的很多"童话遗传"，在世界和中国的儿童文学史、童话史、刊物史、阅读史、童心和人生养育史……他们都是可以竖起铜像的，尽管他们有的早已被竖，有的可能不会有机会被竖起，这没有关系，因为所有的对他们的念念不忘，所有的赞叹，所有的对他们的历史叙事，已经是铜像竖起，仰视无穷。

而我现在也愿意把我读到的这一本书比喻成一座铜像。它的里面有很多年代，有很多的开始，很多的探试，很多的小心翼翼，很多的一笔一笔的精心、精致，很多的那些个年代的作家、画家白天为生机奔走，夜晚为儿童镇定，他们桌上夜深的灯光，儿童们白天捧起都暖和了，都是笑容。

那时中国编辑家，出版家，作家，画家，他们接受西方启蒙，端详中国孩子，已经很有水准地知道为儿童的书怎么写，儿童刊物怎么编，那时生活水准低，可是那时他们的认识程度偏偏相当高。那时和现在，我们前进了多少？提高了多少？反而不如了多少？甚至反而庸俗了多少？

为儿童出版书刊,不是只靠着纸张和开本的,不是只靠着系列的规模和本数的,不是只为向着那些成年人的评奖,而恰好有些奖又正是为了显耀评奖部门的职位业绩的,不是只为了千万码洋千万利润的,而是很简单地就是为了儿童们有一个优良的阅读,优良的口味,优良的成长过程,优良地为世界做一些事,创造一些优良,优良地活着,最后为世界留下一个铜像,或者留下一些优良印象、优良记忆、优良脚印。我们翻翻、读读这本书,可以肃然起敬想到一些东西,明白一些道理,知道一些美学,看清一些艺术。可以把中国儿童文学、儿童刊物、为儿童写作和绘画的先驱们的早年智慧,早年努力,早年行动,变成今日的优良参考,增添些优良的为儿童为国家的情怀,让一本很小的刊物,一本不大的书,很大很大的为儿童的出版,都非常优良起来。中国梦需要这样。它们也许还是中国梦的基础!

我们温暖的心里都渴望中国漂亮。

2012 年 12 月

前　言

19 世纪末期,随着各种新知的涌入,儿童启蒙和教育受到了有识之士的关注,如梁启超于 1896 年发表了《论幼学》,在批判封建传统儿童教育的同时,呼吁效仿西方,建立中国近代儿童教育体系。而在此之前,受西方传教士在中国创办报刊的影响,一批西方童话、寓言、儿童小说传入中国,并因此出现了一些儿童读物,如 1874 年创办的《小孩月报》,图文并茂、浅显易懂,其以写实手法勾勒的动物形象,尤其能引起儿童的想象和感官体验,对晚清时期的儿童教育具有重要的启发意义,更在一定程度上促进了中国现代儿童教育的发展。

儿童教育是多层面的综合体,除了学校的正规教育外,还包括家庭教育以及儿童书刊的辅助性教育。因此,20 世纪初,在西学东渐思潮影响下,随着新学的开办,与儿童教育紧密相关的儿童读物应运而生,其中的图画书尤能引起小朋友的兴趣。于是,1909 年商务印书馆开风气之先,创办了我国第一种完全以图像为叙事方式的《儿童教育画》,定期发行,初为戴克敦、高凤谦编纂。其目的就是"籍图画之玩赏引起儿童向学之观念",因此这种以儿童为本位的创刊理念受到儿童和家长的欢迎,每期行销 2 万余份,这在当时条件下是个非常可观的数字,可见其影响之大。《儿童教育画》的栏目主要有修身、国文、历史、算学、手工、图画、动物、植物、矿物、卫生、音乐、歌谣等,侧重于关注儿童的日常生活,以图画为主,文字简单,色彩鲜艳,注重培养儿童的生活常识、道德品质以及普及科学知识,生动有趣。《儿童教育画》从 1909 年创刊到 1925 年终刊,正值清末民初社会大变动时期，其中所绘儿童形象从传统到新式、从西方到现代都有比较清晰的脉络。

到 20 世纪 20 年代，随着现代儿童教育的进一步发展，尤其是受到五四运动自由民主精神的影响，儿童读物呈现多样化的发展趋向，儿童画报得到了更大发展。这个时期也是新学制的酝酿和制定阶段，新学制强调以儿童身心发展为依据，《儿童画报》正是在这样的背景下于 1922 年由商务印书馆创办。该画报从形式到内容都凸显了对儿童生活与儿童心理的关注，折射了其对中华文化的自信与创新；画工精良优美，充满童趣，全彩印刷，弥足珍贵，画中有很多充满积极向上的内容和活力。很多内容和画法以今人眼光审视之，依然堪称经典，充满审美情趣，令人拍手称快。其中近代著名画家胡也佛、潘思同、张令涛等曾任《儿童画报》主编。

民国时期是我国儿童教育步入现代教育的一个重要发展时期，产生了很多优秀的儿童读物，除《儿童教育画》、《儿童画报》外，还有《儿童世界》、《小朋友》等，这些刊物都是我国近代早期儿童启蒙读物的典型代表，它们从内容到形式都富有新意，生动活泼、多样化地运用了儿童美术，虽然时光流逝近百年，图画依然清晰，色彩鲜艳，令人神往不已。这些图画书的创作很多源自孩子的日常生活，具有想象的张力，体现了本土化色彩，也反映了民国时期儿童的精神风貌及其教育理念和方法，对今天的家长和老师仍然有很多借鉴，特别为研究民国儿童教育的学者也提供了丰富的素材。2011 年初，国家图书馆启动了"民国时期文献保护计划"，作为国家图书馆民国文献主要的典藏与服务部门——典藏阅览部在承担民国时期文献保护相关工作的同时，还致力于民国文献优质资源的整理和开发，其中包括对儿童文献资料的整理与研究。

此次，我们精选《儿童教育画》和《儿童画报》的精彩内容，正是基于其经典内容和绝妙的画工、干净简洁的文字，我们按照不同的主题，通过一定的编辑体例，选出精美的图片和经典的故事，进行重新编排，首批整编 10 册,试图将这些精美的艺术作品再现社会,期望对当今儿童传统习俗的沿袭和道德品格的培养,能有一定启发和裨益。由于时间仓促,疏漏之处在所难免,请多见谅。

为了更好地完成本套"民国儿童画报选编"的编辑整理,我们组成了专门的编辑委员会,编委会主任王志庚,成员主要有(按姓氏笔画排名):云丽春、术虹、刘博涵、刘杨、朱丹阳、张峰、周川富、金颖、杨志、郭传芹、耿浩、莫冀鸣、黄洁、黄桦、解荣。在本套书的编辑过程中,马赵扬、唐睿、高泉泉三位同志也付出了辛勤劳动,对此专表谢意。

编者

2012 年 12 月

编辑说明

为了方便读者阅读,在本套图书的编辑过程中,我们做了一定的修订、补充、润色工作,特说明如下:

1. 为了更好地凸显每册的主题,我们为每本分册都起了七字书名,书名或来源于古诗词,或为编辑根据主题归纳,如:"儿歌童谣"《草青柳活诵童歌》,来自《明代小儿戏具谣》中"杨柳活儿,抽陀螺"和《汉献帝童谣》"千里草,禾青青"。

2. 部分图片的内容有一定的交叉性,以其反映的主旨划分类别。

3. 为了真实反映当时儿童画报的风貌,未对图片做过多修饰,力图原汁原味将图片呈现给读者,且选图时彩色与单色兼顾。

4. 完全按照原书内容进行了繁简字转换,有的原书有笔误的,或为异体字的,或用法与现今不同的,均将相应的文字用括号标示在后。

5. 有些图片文字残缺,依据内容做了增补,用括号在文中标示。

6. 有的图并无明确的标题,我们对其做了增补,以括号的形式标注。

7. 有些内容涉及背景知识偏难的,逐条做了注解。

8. 民国时期的阅读习惯与现今不同,在不影响图片内容连贯性的前提下,将图片按照从左到右的顺序重新编排。

桃花

在这个月里，桃花开得很好看。

救火车出发

救火車出發

水陆空的交通工具

人力車

電車

汽車

火車

舶空陸水
具工通交

4	3	2	1
	7	6	5
	8		

水陆空的交通工具

1.汽船   5.脚踏车

2.帆船   6.汽车

3.飞机   7.电车

4.人力车   8.火车

飛機

汽船

帆船

脚踏車

005

006

春夏秋冬

春

夏

喷水的东西

喷水壶　水蓬头　公园里的喷水泉　洒水车

噴水壺

水蓬頭

009

打 铁

打鐵 <ruby>ㄉㄚ<rt></rt></ruby> <ruby>ㄊㄧㄝˇ<rt></rt></ruby>

做玻璃器皿

　　把做玻璃的材料，放在炉子里烧熔。用管子蘸着熔了的玻璃，可以吹成各种器皿。你们家里，有什么东西是玻璃做的？

做玻璃器皿

把做玻璃的材料，放在爐子裏燒熔，用管子蘸着熔了的玻璃，可以吹成各種器皿。你們家裏，有甚麼東西是玻璃做的？

013

省力的機械

滑車　槓桿　輪軸

省力的机械

杠杆　滑车　轮轴

取火的方法

取火的方法

（一）钻木取火。

（二）用火石和镰刀取火。

（三）用火柴取火很是方便。

鴨

鴨的嘴扁平，
兩足很短；
翼小不會飛．
趾間有蹼，
能够浮水．

鸭

鸭的嘴扁平，两足很短；翼小不会飞。趾间有蹼，能够浮水。

騎以可象1

象

2象會做把戲

木運會象3

象
. 象可以騎
. 象会做把戏
. 象会运木

（动　物）

1. 食蚁兽　　　　4. 豪猪
2. 鸭嘴兽　　　　5. 袋鼠
3. 犰　狳　　　　6. 树懒

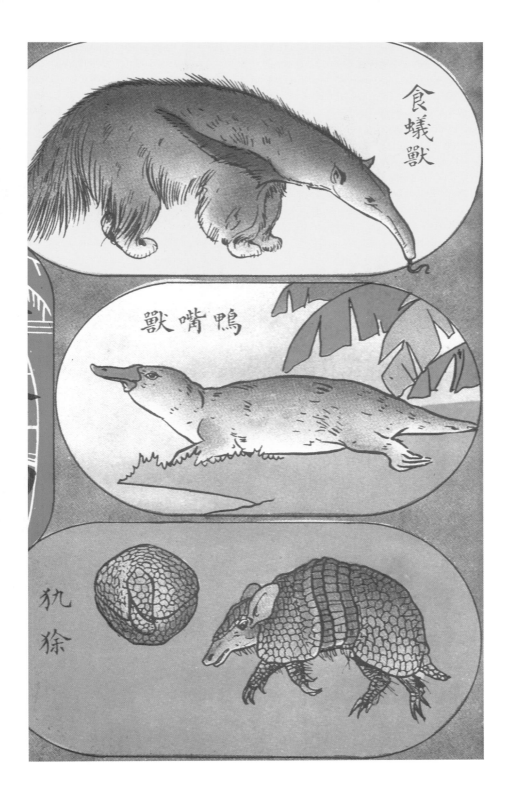

食蟻獸

獸嘴鴨

犰狳

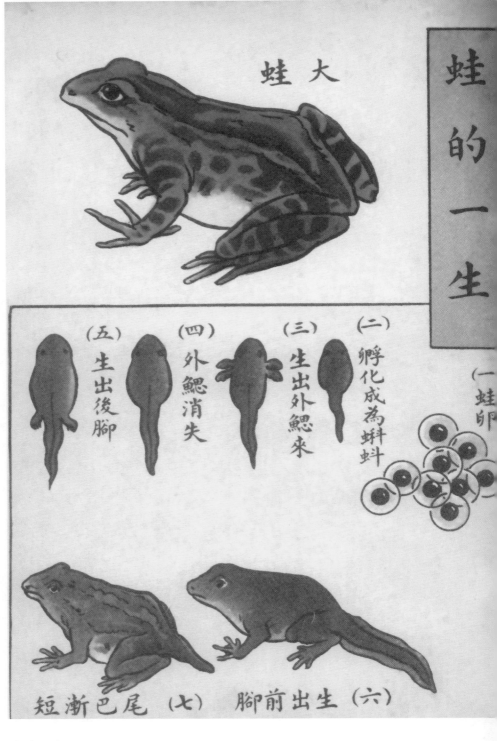

蛙的一生

大蛙

（一）蛙卵　　（二）孵化成为蝌蚪　　（三）生出外鳃来　　（四）外鳃消失

（五）生出后脚　　（六）生出前脚　　（七）尾巴渐短

022

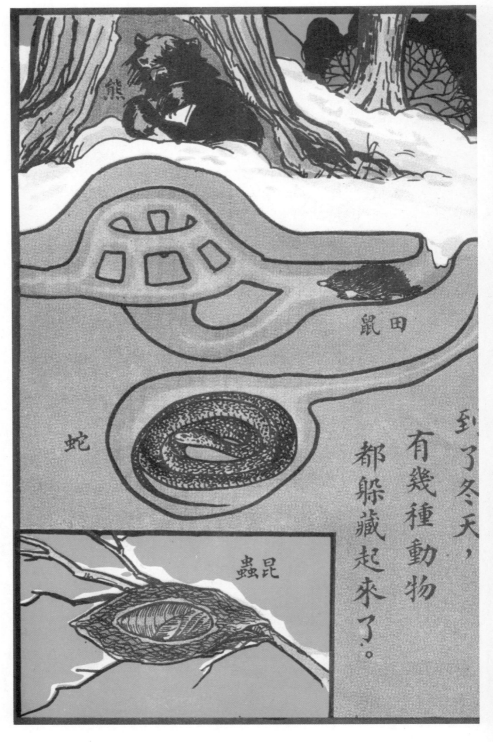

熊

鼠田

蛇

蟲昆

到了冬天，有幾種動物都躲藏起来了。

动物过冬
到了冬天，有几种动物都躲藏起来了。
龟　蟾蜍　熊　田鼠　蛇　昆虫

動物過冬

蟾蜍

龜

023

眼天朝　　魚金

仙霓

可爱(的)金鱼

金鲫　朝天眼　狮头兔尾　霓仙

可愛

金鯽

獅頭皂尾

豹

虎

獅

猛　禽
鸢　猛禽的喙　猛禽的爪　鹰　鸱鸺
豹　虎　狮

鳶

猛禽的爪

猛禽的喙

猛禽

鴟鵂

鷹

水蠆脫皮

蜻蜓

食捕蠆水

蜻　蜓

捕蜻蜓　成（虫）蜻蜓　水虿脱皮　水虿捕食

028

蜻蜓

捕蜻蜓

猴

猩
猩

像人的动物

大猩猩　猴　猩猩

大猩猩

科 学
马大头　蜻蜓的出世　水蜻蜓　红蜻蜓　蜻蜓的幼虫　水蜻蜓的幼虫
蝘蜩　蚱蝉　晚蝉　蝉衣　卵（一）　卵（二）　幼虫（一）　　（二）
（注：马大头，世界上最大蜻蜓之一。体绿色，翅透明。）

頭大馬

斗扁

紅蜻蜓

水蜻蜓

蜻蜓的出世

蜻蜓的幼虫

水蜻蜓的幼虫

黃頭

畫眉

斑鳩

鷹

喜鵲

魚狗

8	5	1
9	6	2、3
10	7	4

冬天常见的鸟

1.鸢

2.雀

3.白头翁

4.乌鸦

5.黄头

6.鹰

7.鱼狗

8.画眉

9.斑鸠

10.喜鹊

冬天常見的鳥

鳶

雀

白頭翁

烏鴉

035

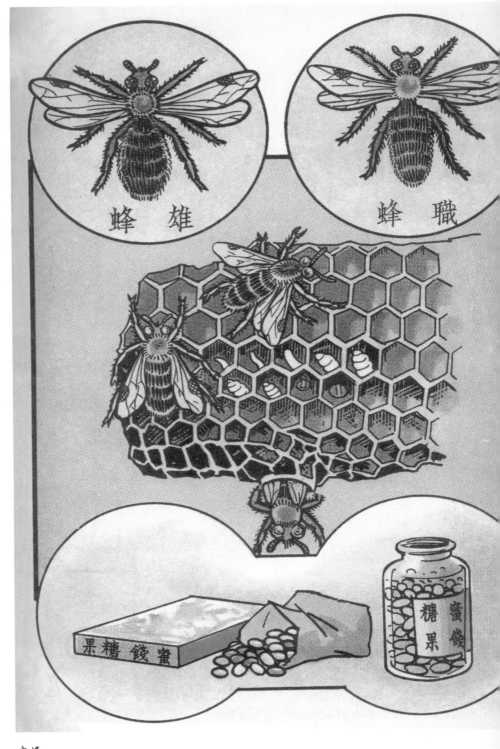

蜜蜂

雌蜂　职蜂　雄蜂（蜂巢的内部）　蜂箱　蜜饯糖果

蜂雌

蜜蜂

蜂箱

美丽的蝴蝶

蝴蝶的一生：卵→幼虫→蛹→成虫

凤蝶　蛱蝶

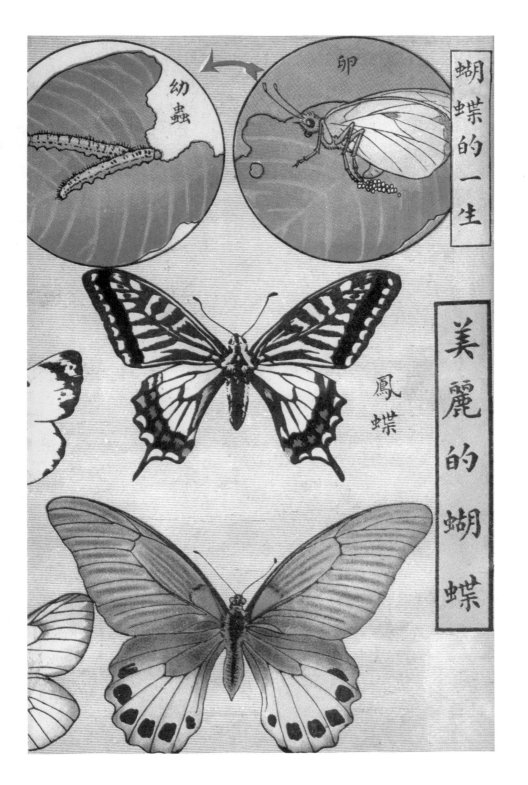

幼蟲

卵

鳳蝶

美麗的蝴蝶

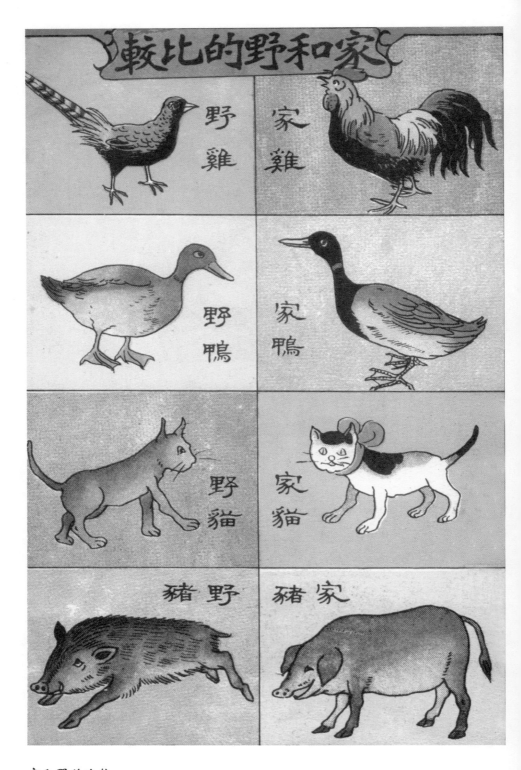

家和野的比较

1. 家鸡 野鸡
2. 家鸭 野鸭
3. 家猫 野猫
4. 家猪 野猪

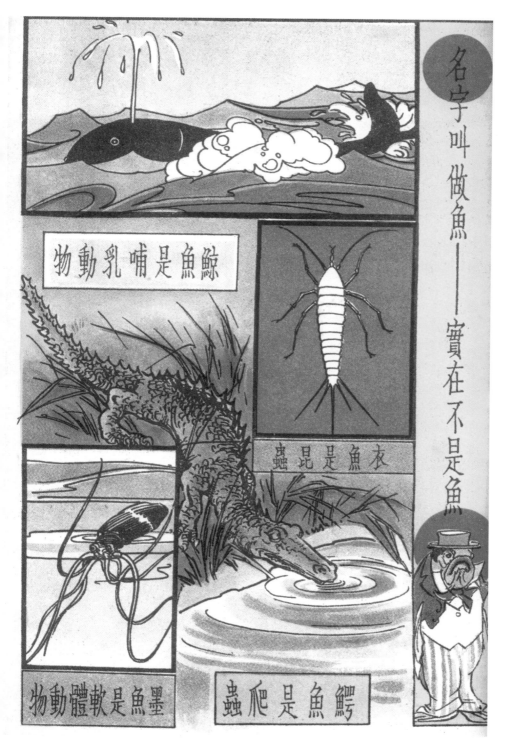

名字叫做鱼——实在不是鱼

鲸鱼是哺乳动物
衣鱼是昆虫
鳄鱼是爬虫
墨鱼是软体动物

动物的保护色

(一) 黄蝶要住在菜花上。白蝶要住在菜菔花上。

(二) 青蛙到了秋天，便要变做褐色。

(三) 北极的兔子，到了冬天，便要变做白色。

六足的動物 蜂蜜 蜻蜓

足的動物

蛛蜘 八足的動物 蛇 蚯蚓 無足的動物

043

十足的動物 賊烏 蟹 兩足的動物 人 烏 四足的動物 馬 狗

多足的動物 蜈蚣

动物的足

4	
5	1
6	2
7	3

1. 无足的动物　蛇　蚯蚓
2. 两足的动物　人　鸟
3. 四足的动物　马　狗
4. 六足的动物　蜜蜂　蜻蜓

5. 八足的动物　蜘蛛
6. 十足的动物　乌贼　蟹
7. 多足的动物　蜈蚣

夜間出外捕野
獸吃，並且時
常傷人．
雄獅身長約
五尺，頸項上
有叢毛，雌的
身體比雄獅小，
頸項上沒有叢
毛．

狮

    狮是一种猛兽，形状有些像猫。产于非洲。他（它）身强力大，性情猛烈。住在多石，树木的原野里。夜间出外捕野兽吃，并且时常伤人。

    雄狮身长约五尺，颈项上有丛毛，雌的身体比雄狮小，颈项上没有丛毛。

獅

獅是一種猛獸，形狀有些像貓。產於非洲。他身強力大，性情猛烈。住在多砂石，樹木的原野裏。

045

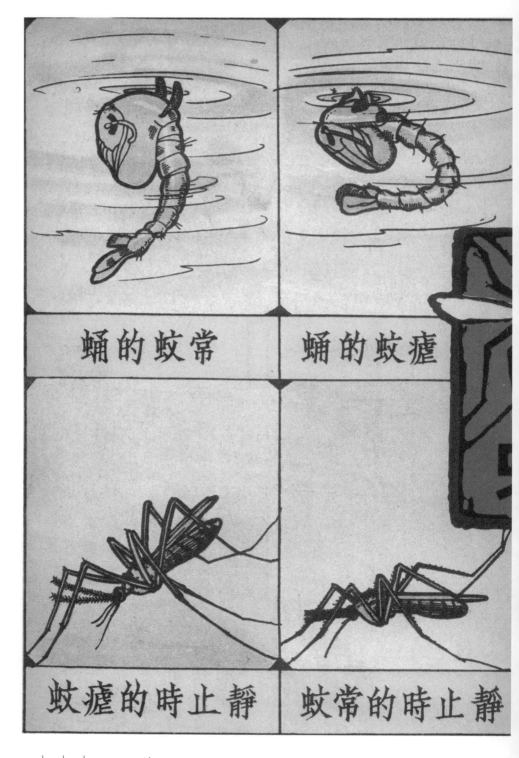

蛹的蚊常　　蛹的蚊瘧

蚊瘧的時止靜　　蚊常的時止靜

4	3	2	1
8	7	6	5

蚊

1. 常蚊的卵　　　　5. 常蚊的幼虫

2. 疟蚊的卵　　　　6. 疟蚊的幼虫

3. 疟蚊的蛹　　　　7. 静止时的常蚊

4. 常蚊的蛹　　　　8. 静止时的疟蚊

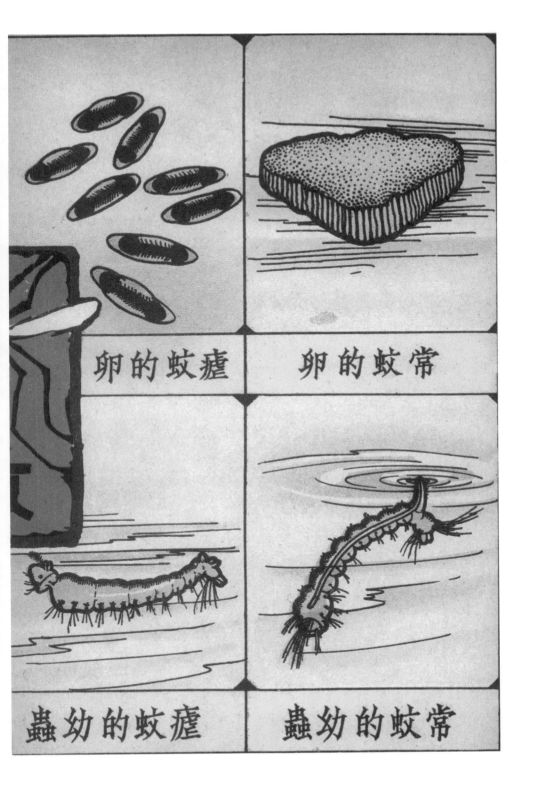

卵的蚊瘧　　卵的蚊常

蟲幼的蚊瘧　　蟲幼的蚊常

鸚鵡是一種攀禽，因為他們的爪很會攀緣。

鸚鵡頭圓；嘴大，很是鈎曲；羽毛多美麗，有白赤黃綠等色。他們的舌根很發達，氣管部又有特別構造，所以能學人講話。產於熱帶地方，我國南方近海處也有。

几种美丽的鹦鹉

赤鹦鹉　蓝鹦鹉　雪衣娘　桃鹦　车冠鹦　朱冠鹦

　　鹦鹉是一种攀禽，因为他（它）们的爪很会攀缘。

　　鹦鹉头圆；嘴大，很是钩曲；羽毛多美丽，有白赤黄绿等色。他（它）们的舌根很发达，气管部又有特别构造，所以能学人讲话。产于热带地方，我国南方近海处也有。

幾種美麗的鸚鵡

赤鷴鷉

藍鷴鷉

朱冠鸚

車冠鸚

049

（森林中的动物）

啄木鸟 文鸟 猴 锦鸡 樫鸟 松鼠 鹦鹉 伯劳 竹林鸟 鸽 鱼狗
野猪 鹿 羚羊 狮子 象 虎 熊 豹 狐 羊 猫 鹤 鹳 雁 雉
鹈鹕 龟 鸳鸯 凫

文鳥

啄木鳥

鸚鵡

松鼠

羚羊

鹿

野猪

獅子

雉

051

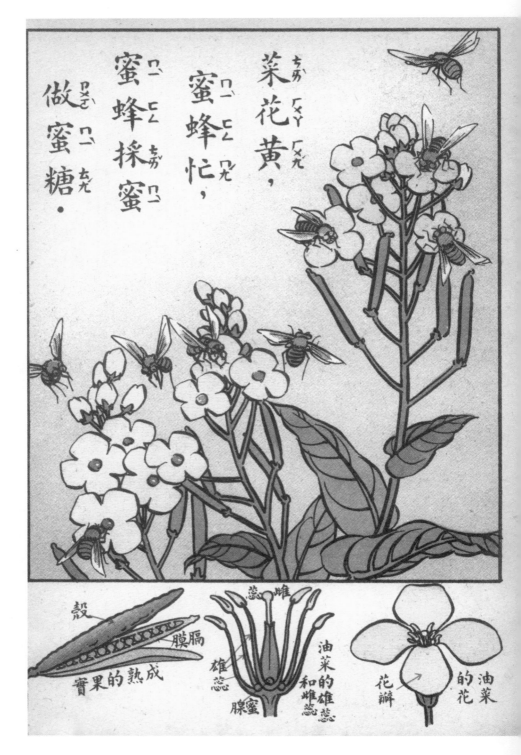

菜花黄,
蜜蜂忙,
蜜蜂采蜜
做蜜糖.

殼
膜膈
果的熟成
實

蕊雌
雄蕊
蜜腺
油菜的雄蕊和雌蕊

油菜的花
花瓣

菜花黄，蜜蜂忙，蜜蜂采蜜做蜜糖。
油菜的花　花瓣
油菜的雄蕊和雌蕊　雌蕊　雄蕊　蜜腺
成熟的果实　壳　膈膜

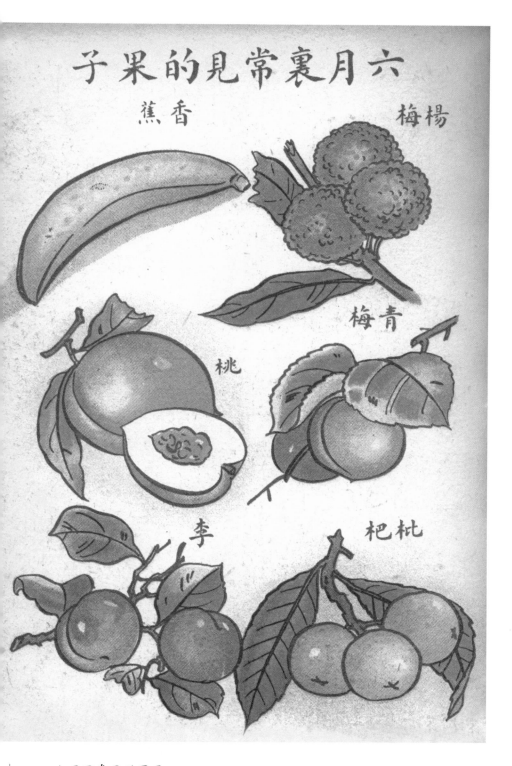

六月裏常見的果子

蕉香　　　　　　　　梅楊

梅青

桃

李　　　　　　杷枇

六月里常见的果子

1. 杨梅　　　　4. 香蕉
2. 青梅　　　　5. 桃
3. 枇杷　　　　6. 李

牵牛花

玫瑰花

蔷薇花

3	2	1
6	5	4

六月里常见的花

1.石榴花   2.玫瑰花   3.牵牛花

4.玉簪花   5.月季花   6.蔷薇花

六月裏常

石榴花

玉簪花

月季花

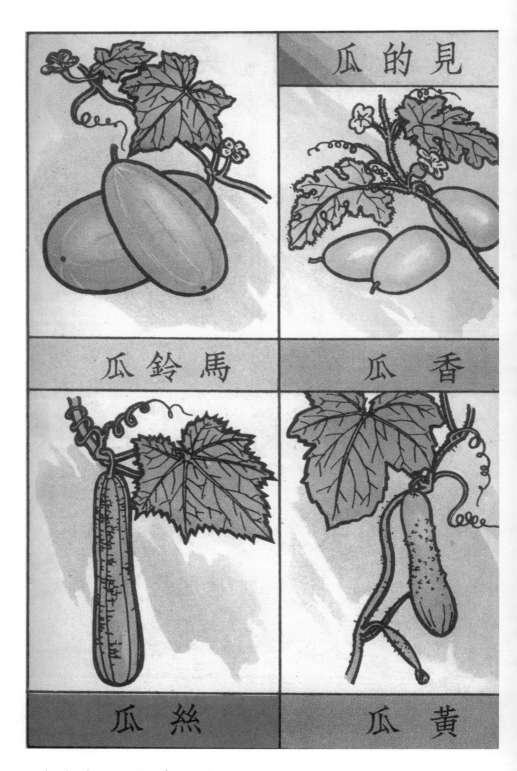

瓜的見

瓜鈴馬

瓜香

瓜絲

瓜黃

056

4	3	2	1
8	7	6	5

夏天常见的瓜

1. 冬瓜　　　　5. 西瓜

2. 南瓜　　　　6. 北瓜

3. 香瓜　　　　7. 黄瓜

4. 马铃瓜　　　8. 丝瓜

夏天常

南瓜

冬瓜

北瓜

西瓜

058

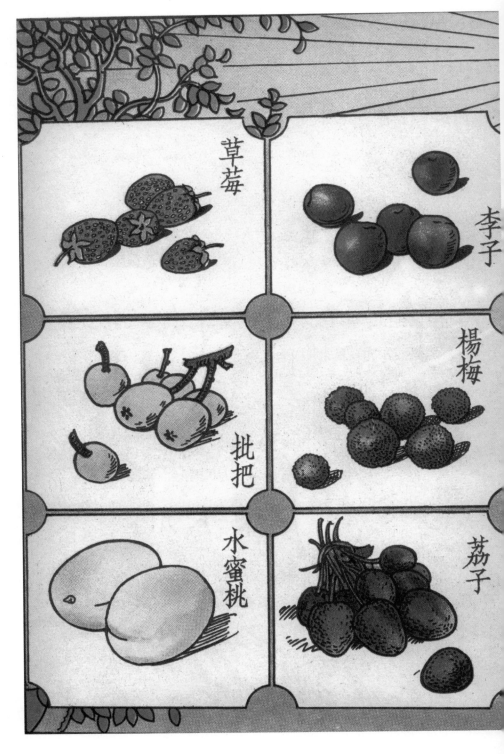

夏天常见的果子

3	2	1	
7	6	5	4
11	10	9	8

1. 香蕉　　　2. 李子　　　3. 草莓

4. 梅　　　　5. 柠檬　　　6. 杨梅　　　7. 批把（枇杷）

8. 芒果　　　9. 樱桃　　　10. 荔子（枝）　　11. 水蜜桃

夏天常見的果子

香蕉

檸檬

梅

櫻桃

芒果

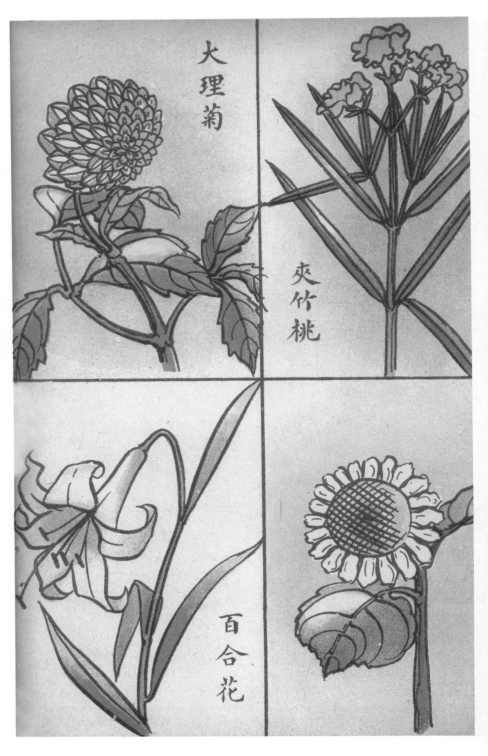

大理菊

夾竹桃

百合花

几种夏季的花

1. 凤仙花　　　2. 鸡冠花　　　3. 夹竹桃　　　4. 大理菊

5. 牵牛花　　　6.（荷花）　　7.（向日葵）　　8. 百合花

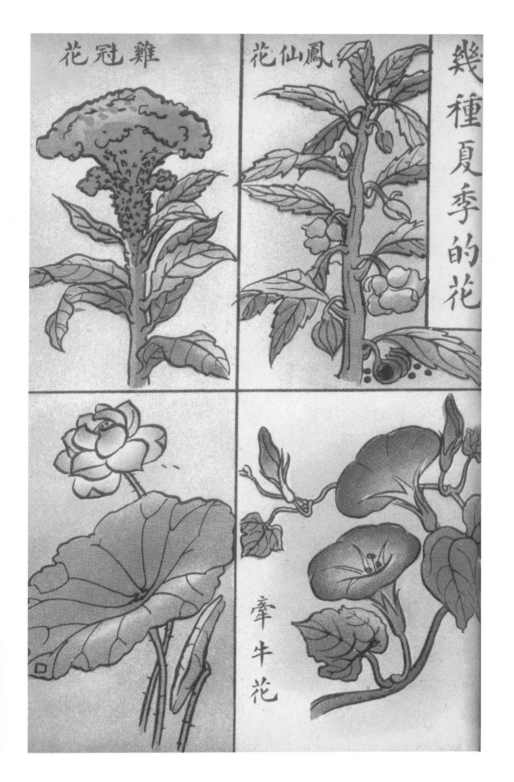

花冠雞

花仙鳳

牽牛花

（六）蜜蜂有六隻脚

（七）虹有七種顏色

（八）蜘蛛有八隻脚

（九）寶塔有九層

（十）我有十根手指

（一）狗有一个尾巴

（二）鹅有两只脚

（三）照相架子有三只脚

（四）汽车有四个轮盘

（五）梅花有五个瓣

（六）蜜蜂有六只脚

（七）虹有七种颜色

（八）蜘蛛有八只脚

（九）宝塔有九层

（十）我有十根手指

(一)狗
有一個
尾巴

(二)鵝有兩
隻脚

(三)照相
架子有
三隻脚

(四)汽車有
四個輪盤

(五)梅花
有五個
瓣

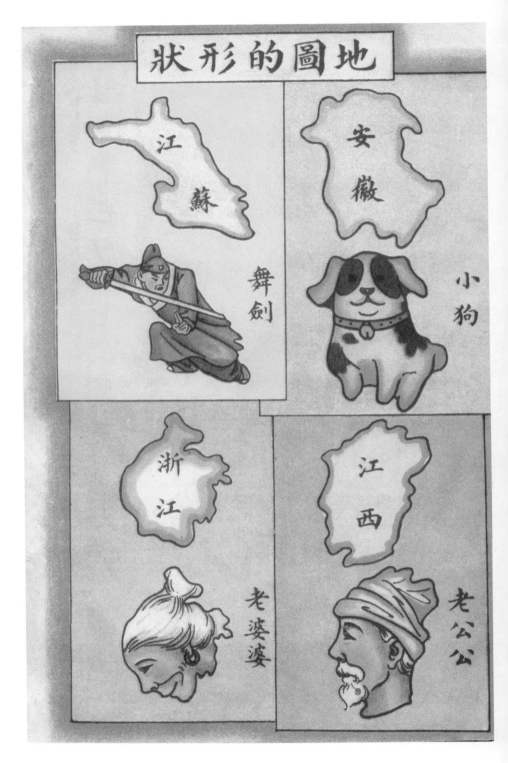

地图的形状

1. 安徽——小狗

2. 江苏——舞剑

3. 江西——老公公

4. 浙江——老婆婆

地图的形状

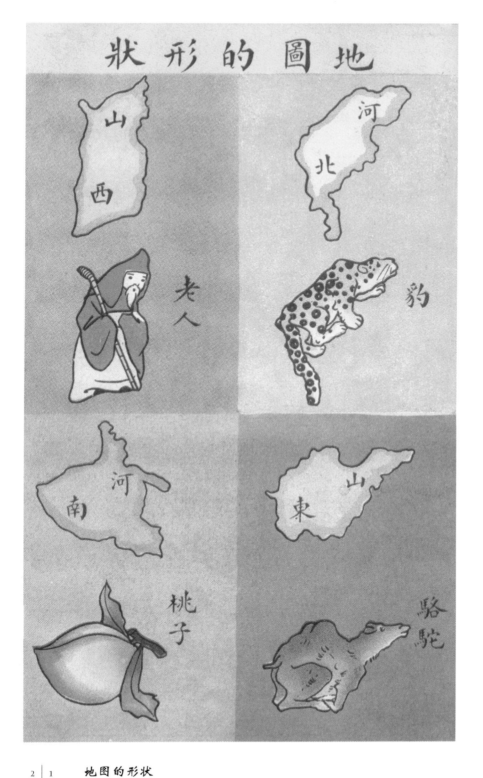

地图的形状

1. 河北——豹
2. 山西——老人
3. 山东——骆驼
4. 河南——桃子

水的变化

(一) 被太阳吸上去了。

(二) 变成蒸气了。

(三) 变成云了。

(四) 变成霞了。

(五) 变成露了。

(六) 变成霜了。

(七) 变成雪了。

(八) 变成雨了。

水的

（一）被太陽吸上去了．

（二）變成蒸氣了．

（三）變成雲了．

（四）變成霞了．

冰鑼

冰箸

人造冰

4

3

5

水

4		3		1
5				2

水
1. 水遇冷结冰。冰会膨胀。
2. 冰山
3. 冰箸
4. 冰锣
5. 人造冰

世界的昼夜

（一）北京正午
（二）美国纽约夜十一时
（三）英国伦敦晨五时
（四）加尔克他午前十时

注：加尔克他，今译加尔各答，印度最大城市。

3	1
4	2

冬天（取暖的）方法

1. 蒸汽管　电炉　煤炉
2. 手炉　脚炉　橡皮热水袋
3. 棉袄　绒线衫　裘　呢绒布
4. 运动

冬天

煤爐

蒸汽管

電爐

橡皮熱水袋

手爐

脚爐

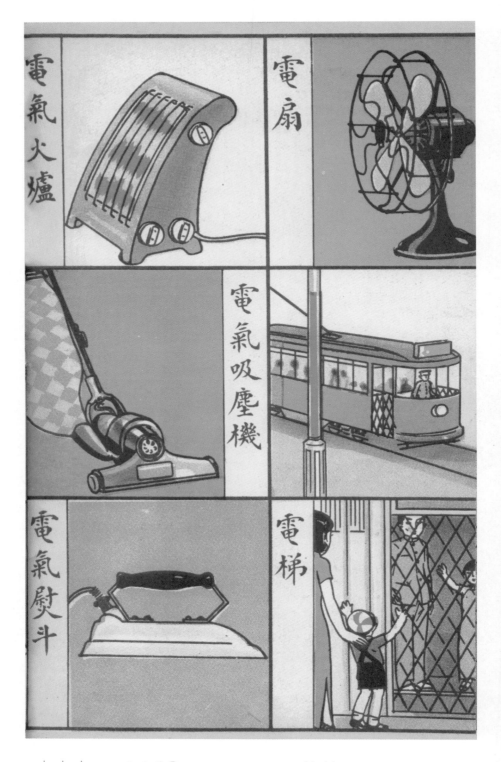

3	2	1
7	6	5	4
11	10	9	8

电力世界

1.（电话）

2.电扇

3.电气火炉

4.电动机

5.无线电收音机

6.（电车）

7.电气吸尘机

8.电灯

9.（麦克风）

10.电梯

11.电气熨斗

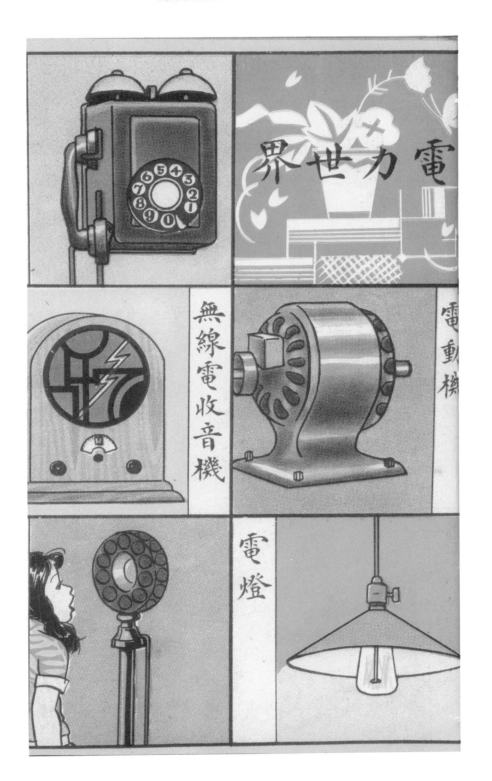

電力世界

無線電收音機

電動機

電燈

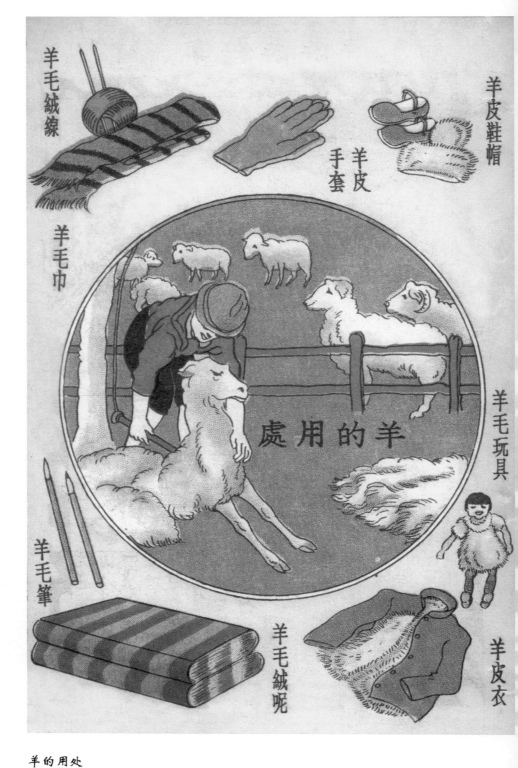

羊毛絨線　羊皮手套　羊皮鞋帽　羊毛巾　羊皮　處用的羊　羊毛玩具　羊皮衣　羊毛絨呢　羊毛絨呢　羊毛筆

羊的用处

羊皮鞋帽　羊皮手套　羊毛绒线　羊毛（围）巾　羊毛玩具　羊毛笔　羊皮衣　羊毛绒呢

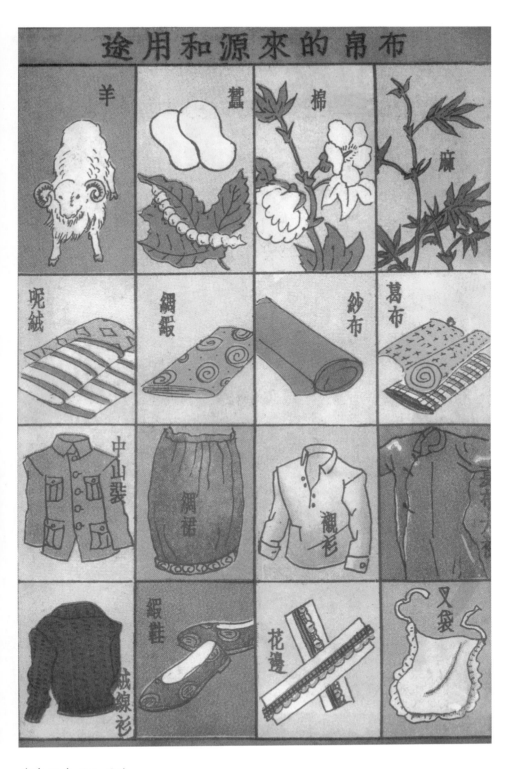

布帛的来源和用途

麻　棉　蚕　羊

葛布　纱布　绸缎　呢绒

夏布大衫　衬衫　绸裙　中山装

叉袋　花边　缎鞋　绒线衫

外國樂器

外国乐器

钹 手鼓 海立康（圆号） 鼓 竖琴 三角簧 披亚诺（钢琴） 军笛 手风琴
康尔纳脱（短号） 木琴 漫达林（曼陀林） 梵华林（小提琴） 赛罗（大提琴）
口琴

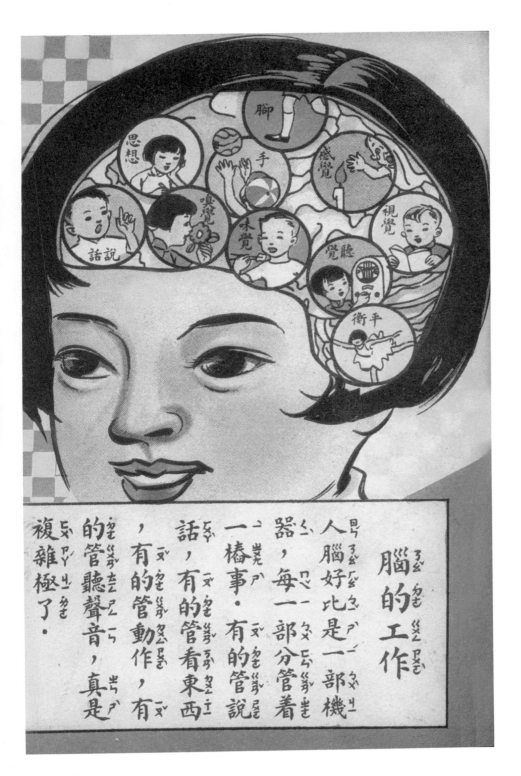

脑的工作

人脑好比是一部机器，每一部分管着一桩事。有的管说话，有的管看东西，有的管动作，有的管听声音，真是复杂极了。

脚　感觉　手　思想　视觉　听觉　味觉　嗅觉　说话　平衡

打結的樹

阿比西尼亞國的邊界地方，是沒有路的。土人常把界邊的小樹打着結子做記號。這些樹長大了，那些結子也跟着長大，不能再解開了。

打结的树

　　阿比西尼亚国的边界地方，是没有路的。土人常把界边的小树打着结子做记号。这些树长大了，那些结子也跟着长大，不能再解开了。

　　注：阿比西尼亚，今译埃塞俄比亚联邦民主共和国。

會唱歌的沙岡

在亞拉伯沙漠裏，有些茶杯形的沙岡。如果人坐在沙岡的邊上，那些沙會發出鐘鳴的聲音。人離開了沙，聲音也沒有了。科學家曾經把這樁事研究過，也不知道是甚麼理由。

会唱歌的沙冈

在亚拉伯沙漠里，有些茶杯形的沙冈。如果人坐在沙冈的边上，那些沙会发出钟鸣的声音。人离开了沙，声音也没有了。科学家曾经把这桩事研究过，也不知道是什么理由。

注：亚拉伯，今译阿拉伯。

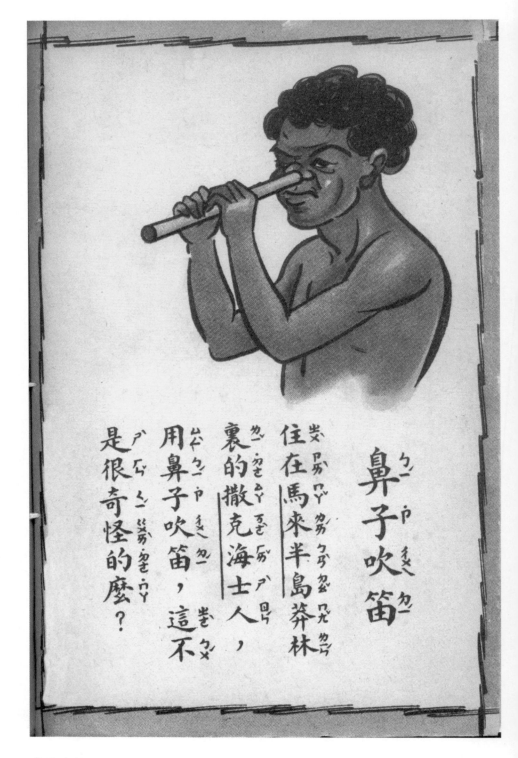

鼻子吹笛

住在馬來半島莽林裏的撒克海士人，用鼻子吹笛，這不是很奇怪的麼？

鼻子吹笛
住在马来半岛莽林里的撒克海士人，用鼻子吹笛，这不是很奇怪的么？

世界奇觀

——死海——

死海是巴力斯坦地方極南的一個湖，湖水含鹽份很多，（大約是二十四至二十六分），魚到了這種水裏，不能生活，所以叫做死海。但是，死海的水浮力很大，人可以靜靜地躺在水上，不怕沉下去。

界奇观——死海

死海是巴力斯坦地方极南的一个湖，湖水含盐份（分）很多，（大约是二十四至二十分），鱼到了这种水里，不能生活，所以叫做死海。但是，死海的水，浮力很大，人可以静静地躺在水上，不怕沉下去。

注：巴力斯坦，今译巴勒斯坦。

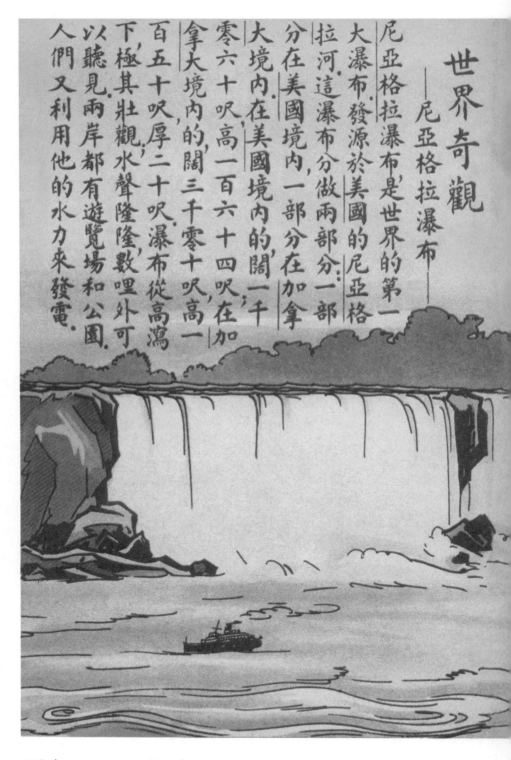

世界奇觀
——尼亞格拉瀑布

尼亞格拉瀑布是世界的第一大瀑布，發源於美國的尼亞格拉河，這瀑布分做兩部分在美國境內，一部分在加拿大境內。在美國境內的，闊一千零六十呎高一百六十四呎，在加拿大境內的，闊三千零十呎高一百五十呎，厚二十呎。瀑布從高瀉下，極其壯觀，水聲隆隆數哩外可以聽見，兩岸都有遊覽場和公園。人們又利用他的水力來發電。

世界奇观——尼亚格拉瀑布

尼亚格拉瀑布，是世界的第一大瀑布。发源于美国的尼亚格拉河。这瀑布分做两部分：一部分在美国境内，一部分在加拿大境内。在美国境内的，阔一千零六十（英）尺，高一百六十四（英）尺；在加拿大境内的，阔三千零十（英）尺，高一百五十（英）尺，厚二十（英）尺。瀑布从高泻下，极其壮观；水声隆隆，数（英）里外可以听见。两岸有游览场和公园。人们又利用他（它）的水力来发电。

注：尼亚格拉，今译尼亚加拉。1 英尺=0.3048 米。

世界奇觀 萬里長城

長城在我國的北方，東從河北遼寧兩省交界的山海關起，直到甘肅的嘉峪關，全長二千三百多公里。

長城用泥和磚石築成；高約五公尺至十公尺，城腳闊約八公尺，頂面闊約五公尺，是世界上著名的建築物。

界奇观——万里长城

长城在我国的北方，东从河北辽宁两省交界的山海关起，直到甘肃的嘉峪关，全长二千三百多公里。

长城用泥和砖石筑成；高约五公尺至十公尺，城脚阔约八公尺，顶面阔约五公尺，是世界上著名的建筑物。

注：1公尺=1米，1公里=1千米。

世界奇观
▲奇怪的自来水管

现在的自来水管，都是用铁管做的，埋在地底下；但是从前罗马人的自来水管，却用砖做的，砌成四方的样子，搁在五十（英）尺高的墙上，一直通到很远的地方，把水引到罗马城里来。

世界奇观——奇怪的自来水管

现在的自来水管，都是用铁管做的，埋在地底下；但是从前罗马人的自来水管，却用砖做的，砌成四方的样子，搁在五十（英）尺高的墙上，一直通到很远的地方，把水到罗马城里来。

注：1 英尺=0.3048 米。

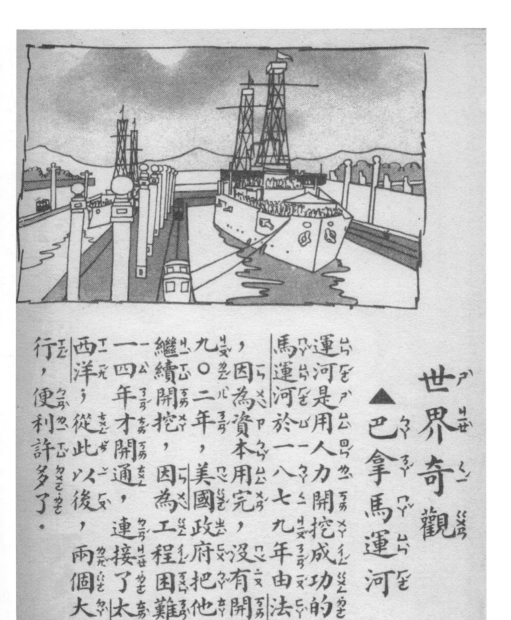

世界奇觀
▲巴拿馬運河

運河是用人力開挖成功的河。巴拿馬運河於一八七九年由法國人開挖，因為資本用完，沒有開成功。一九〇二年，美國政府把他（它）買下來，繼續開挖，因為工程困難，至一九一四年才開通，連接了太平洋和大西洋；從此以後，兩個大洋間的航行，便利許多了。

世界奇观——巴拿马运河

　　运河是用人力开挖成功的河。巴拿马运河于一八七九年由法国人开挖，因为资本用完，没有开成功。一九〇二年，美国政府把他（它）买下来，继续开挖，因为工程困难，至一九一四年才开通，连接了太平洋和大西洋；从此以后，两个大洋间的航行，便利许多了。

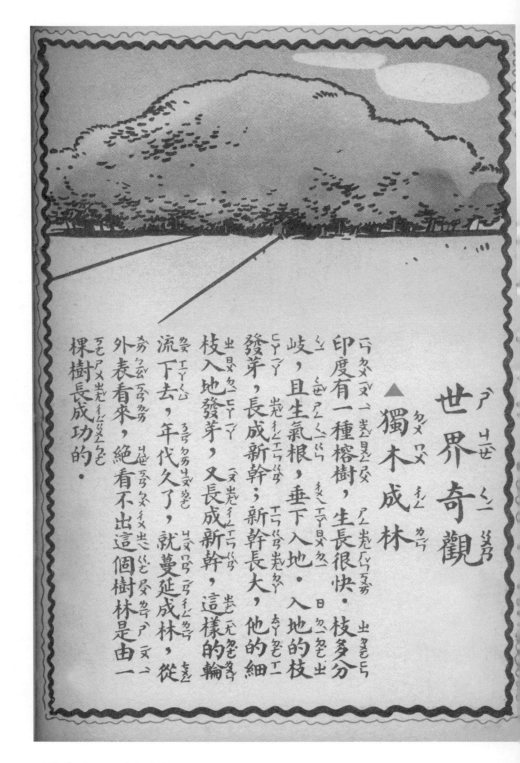

世界奇观——独木成林

印度有一种榕树，生长很快。枝多分岐（歧），且生气根，垂下入地。入地的枝发芽，长成新干；新干长大，他（它）的细枝入地发芽，又长成新干，这样的轮流下去，年代久了，就蔓延成林，从外表看来，绝看不出这个树林是由一棵树长成功的。